Inhaltsverzeichnis

Einleitung

Indirekte Aufwandsschätzungen, bei denen ein methodisch nach festen Regeln ermittelter Wert für den geplanten Entwicklungsumfang mit einem präzise gemessenen Erfahrungswert für die eigene Produktivität ins Verhältnis gesetzt wird, sind eine bewährte Methode zur verlässlichen Planung von Softwareentwicklungsprojekten. Ihre Anwendung erfordert jedoch einen minimalen Spezifikationsgrad, das heißt aus einem Satz formulierte User Stories müssen durch Anwendungsfälle und Elementarprozesse präzisiert werden. Danach ist ihre „Vermessung" möglich – und sie erfordert bei entsprechenden Methodenkenntnissen keinen großen Aufwand.

Dieses Buch beschreibt in kurzen Ausführungen und basierend auf eigenen praktischen Erfahrungen des Autors die Grundlagen methodischer Aufwandsschätzungen. Es zeigt, dass diese Vorgehensweise nicht nur gut mit agiler Softwareentwicklung vereinbar ist, sondern gerade Grundprinzipien wie beispielsweise

- die flexible Berücksichtigung geänderter Anforderungen oder

- regelmäßige Verbesserungen als Folge von Nachbetrachtungen

unterstützt.

Merkmale und Bedeutung agiler Softwareentwicklung

Entstehungsgeschichte

Anfang der 90er Jahre gerieten viele Großprojekte aufgrund ihrer langen Prozesslaufzeiten und den währenddessen häufig wechselnden Anforderungen, starren Rollenverteilungen und anderen Problemen in Schieflage. Häufig genannt wird in diesem Zusammenhang das nach dem Wasserfallmodell begonnene Großprojekt C3 des Chrysler-Konzerns (Chrysler Comprehensive Compensation). In dieser Zeit experimentierte man in den USA mit leichtgewichtigen Entwicklungsprozessen und fand heraus, dass beispielsweise durch kürzere Laufzeiten, mehr Eigenverantwortung und Zusammenarbeit in den Projektteams oder einen unkomplizierten Umgang mit Änderungsanforderungen viele Risiken besser bewältigt und die Projekte häufiger zum Erfolg geführt werden konnten - Erfolg im Sinne einer frühzeitigen Verwertbarkeit der Ergebnisse durch den Auftraggeber. Es entstanden Vorgehensmodelle wie Scrum oder Crystal. Das Chrysler-C3-Projekt wurde durch die Einführung verschiedener Methoden aus dem Kontext leichtgewichtiger Vorgehensmodelle vor dem Scheitern bewahrt, die anschließend unter der Bezeichnung Extreme Programming populär wurden [Wells 2009].

Auf einem Treffen im Februar 2001 in Utah (USA) tauschten Experten ihre Erfahrungen mit Softwareentwicklungsprozessen aus und formulierten ein Wertesystem, das das Fundament für die künftig als agil bezeichnete Art der Softwareentwicklung bildete – das Agile Manifest [Agiles Manifest 2001]:

Wir erschließen bessere Wege, Software zu entwickeln,

indem wir es selbst tun und anderen dabei helfen.

Durch diese Tätigkeit haben wir diese Werte zu schätzen gelernt:

Individuen und Interaktionen

> *mehr als Prozesse und Werkzeuge*

Funktionierende Software

> *mehr als umfassende Dokumentation*

Zusammenarbeit mit dem Kunden

> *mehr als Vertragsverhandlung*

Reagieren auf Veränderung

> *mehr als das Befolgen eines Plans*

Das heißt, obwohl wir die Werte auf der rechten Seite wichtig finden, schätzen wir die Werte auf der linken Seite höher ein.

Das Agile Manifest wird oft falsch interpretiert. Beispielsweise dahingehend, dass man auf Dokumentation verzichten kann. Insbesondere der letzte Absatz macht jedoch deutlich, dass es dabei nur um Prioritäten geht, eine Tätigkeit wie Dokumentation aber durchaus für wichtig befunden wird.

Präzisiert wurde dieses Wertesystem durch zwölf Prinzipien agiler Softwareentwicklung [Agiles Manifest Prinzipien 2001]:

1. *Unsere höchste Priorität ist es, den Kunden durch frühe und kontinuierliche Auslieferung wertvoller Software zufrieden zu stellen.*

2. *Heiße Anforderungsänderungen selbst spät in der Entwicklung willkommen. Agile Prozesse nutzen Veränderungen zum Wettbewerbsvorteil des Kunden.*

3. *Liefere funktionierende Software regelmäßig innerhalb weniger Wochen oder Monate und bevorzuge dabei die kürzere Zeitspanne.*

4. *Fachexperten und Entwickler müssen während des Projektes täglich zusammenarbeiten.*

5. *Errichte Projekte rund um motivierte Individuen. Gib ihnen das Umfeld und die Unterstützung, die sie benötigen und vertraue darauf, dass sie die Aufgabe erledigen.*

6. *Die effizienteste und effektivste Methode, Informationen an und innerhalb eines Entwicklungsteams zu übermitteln, ist im Gespräch von Angesicht zu Angesicht.*

7. *Funktionierende Software ist das wichtigste Fortschrittsmaß.*

8. *Agile Prozesse fördern nachhaltige Entwicklung. Die Auftraggeber, Entwickler und Benut-*

zer sollten ein gleichmäßiges Tempo auf unbegrenzte Zeit halten können.

9. *Ständiges Augenmerk auf technische Exzellenz und gutes Design fördert Agilität.*

10. *Einfachheit -- die Kunst, die Menge nicht getaner Arbeit zu maximieren -- ist essenziell.*

11. *Die besten Architekturen, Anforderungen und Entwürfe entstehen durch selbstorganisierte Teams.*

12. *In regelmäßigen Abständen reflektiert das Team, wie es effektiver werden kann und passt sein Verhalten entsprechend an.*

Der Erfolg agiler Methoden sprach sich herum. Nach einer Ende 2005 von Forrester Research durchgeführten Untersuchung entwickelten bereits 14% der Unternehmen in Europa und Nordamerika ihre Software unter Zuhilfenahme von agilen Prozessen, während weitere 19% über die Nutzung nachdachten [Forrester 2005].

Status quo

Der auf agile Methoden spezialisierte Technologieanbieter VersionOne stellte in seiner siebten jährlichen Umfrage zu agilen Methoden fest, dass 2013 bereits 84% aller Unternehmen agile Entwicklung betreiben [VersionOne 2013]. Inzwischen hat die Zahl vermutlich weiter zugenommen. Jedoch auch wenn keine agilen Vorgehensmodelle wie Scrum eingesetzt werden sondern hybride Modelle, beispielsweise die Kombination agiler Methoden mit Projektmanagementstandards, so findet man in erfolgreichen Projekten immer wieder die folgenden drei typischen Merkmale agiler Entwicklung:

- **Inkrementell**: Teile des Systems werden zu verschiedenen Zeiten entwickelt und das System jeweils um die fertig gestellten Teile erweitert.

- **Lernend**: Das Team lernt aus Retrospektiven. Die Organisation lernt durch einen kontinuierlichen Verbesserungsprozess, beispielsweise auf Basis regelmäßiger Fehlerursachenanalysen.

- **Unmittelbar**: Alle Beteiligten arbeiten eng und direkt zusammen. Das Team zeichnet sich durch eine flexible Aufgabenverteilung ohne starre Rollenzuordnung und eine kollektive Verantwortung für das Produkt aus. Auftraggeber und/oder Produktverantwortliche bringen sich aktiv und kontinuierlich in den Entwicklungsprozess ein.

Generell lässt sich feststellen: Die „frühe und kontinuierliche Auslieferung wertvoller Software" sowie das Willkommenheißen von „Änderungsanforderungen selbst spät in der Entwicklung" - beides sind Prinzipien des Agilen Manifests - stellen heute kritische Erfolgsfaktoren für Software entwickelnde Unternehmen dar. Gründe dafür sind die schnell fortschreitende Durchdringung unserer Welt mit Software, die Digitalisierung und Virtualisierung in Kombination mit dem globalen Wettbewerb. Kommerzielle Entwicklungsprojekte, bei denen der Auftraggeber länger als ein halbes Jahr auf sein Produkt warten muss und während dieser Zeit keine Möglichkeiten hat, geänderte Anforderungen einfließen zu lassen, sind heute nahezu undenkbar.

Zuverlässigkeit

Wird Software nicht nur zum Spaß entwickelt sondern werden mit einem Entwicklungsvorhaben kommerzielle Ziele verfolgt, ist es essentiell, die Zielerreichung zu planen und zu kontrollieren. Insbesondere, wenn die Ziele in einem Werkvertrag nach §§ 631 ff. BGB vereinbart wurden.

Werkverträge und agile Softwareentwicklung schließen sich nicht aus. Viele Prinzipien agiler Softwareentwicklung resultieren aus Nachbetrachtungen von Problemen meist schwergewichtiger Entwicklungsprojekte und sind somit gute Maßnahmen zur Minderung von Risiken, denen Entwicklungsprojekte mit festem Endtermin häufig ausgesetzt sind. Nachfolgend sind einige Beispiele aufgeführt – ohne Anspruch auf Vollständigkeit:

Risiko 1:

Invalide Planung hinsichtlich des erforderlichen Personalaufwands, um den Entwicklungsauftrag in der notwendigen Zeit erfüllen zu können.

Maßnahme:

Diesem Risiko kann durch die Verwendung von Aufwandsschätzmethoden begegnet werden, deren Genauigkeit sich mit jeder Retrospektive verbessert. Solche Methoden werden in den nachfolgenden Kapiteln beschrieben.

Risiko 2:

Ziele und Anforderungen des Auftraggebers verändern sich, bevor die Entwicklung abgeschlossen ist, beispielsweise infolge von Veränderungen des Marktes.

Maßnahmen:

Ein Prinzip des Agilen Manifests lautet: „Heiße Anforderungsänderungen selbst spät in der Entwicklung willkommen. Agile Prozesse nutzen Veränderungen zum Wettbewerbsvorteil des Kunden." Agile Softwareentwicklung zeichnet sich somit grundsätzlich durch die Bereitschaft aus, neue oder geänderte Anforderungen zu berücksichtigen. Jedoch schließt dies nicht eine Einigung zwischen Vertragspartnern bezüglich der kaufmännischen Auswirkungen von Veränderungen auf ein Entwicklungsprojekt aus.

Risiko 3:

Die Anforderungen des Auftraggebers werden nicht ausreichend abgedeckt. Seine Erwartungen beispielsweise an die Gebrauchstauglichkeit des Produkts werden nicht vollständig erfüllt.

Maßnahmen:

Das geplante Produkt wird inkrementell entwickelt, das heißt in möglichst kurzen Zyklen, deren Ergebnis jeweils lauffähige Software ist, die vom Auftraggeber hinsichtlich der Erfüllung seiner Erwartungen überprüft werden kann. Der Auftraggeber, insbesondere seine fachlichen und technischen Experten, arbeiten eng und intensiv mit dem Entwicklungsteam zusammen.

Risiken 4, 5 und 6:

- Falsche Einschätzung des Entwicklungsfortschritts

- Verzögerungen durch Kommunikationsprobleme

- Verlust von Know-how durch Personalausfall

Maßnahmen:

Diese Risiken werden in der agilen Entwicklung durch ein hohes Maß an Teamarbeit gemindert. Tägliche kurze Meetings dienen der Diskussion aufgetretener Probleme, der gemeinsamen Einschätzung des Fortschritts und der Verteilung anstehender sowie, falls es sinnvoll erscheint, auch der Umverteilung begonnener Aufgaben. Die Vermeidung starrer Rollen- und Aufgabenzuordnungen macht das Team robust gegenüber dem Ausfall einzelner Mitglieder.

Risiko 7:

Mehraufwand durch zu spät erkannte Qualitätsdefizite.

Maßnahmen:

Ein Merkmal agiler Entwicklung sind automatisierte Prozesse zur täglichen Neuerstellung einer lauffähigen Anwendung. Dabei durchläuft der Code zunächst eine Codeanalyse, durch programmierte Komponententests wird die Funktionalität einzelner Komponenten überprüft und, soweit möglich, werden nach der Integration zu einer lauffähigen Anwendung Skripte zur Ausführung von Testfällen aufgerufen.

Methoden zur direkten und indirekten Aufwandsschätzung

Prinzip der inkrementellen Entwicklung

Bei der inkrementellen Softwareentwicklung wird die Menge aller Anforderungen an das zu entwickelnde Produkt auf mehrere Teilprozesse verteilt, deren Ergebnis jeweils ein Produktinkrement ist. In agilen Vorgehensmodellen werden die Teilprozesse als Sprints bezeichnet und haben meist eine Laufzeit von 2 bis 4 Wochen. Empfehlenswert ist es, beim ersten Sprint etwas mehr Zeit für die Stabilisierung der Architektur, die Erstellung eines möglichst ganzheitlichen Datenmodells, usw. einzuplanen; auch unter Berücksichtigung einer noch flachen Lernkurve des Teams.

In der agilen Entwicklung hat sich für Anforderungen der Begriff Story bzw. User Story etabliert. Dabei handelt es sich um umgangssprachliche Formulierungen, meist in einem Satz, aus dem Rolle, Ziel oder Wunsch und im Idealfall auch der angestrebte Nutzen hervorgehen. Beispiel:

Als Reisender möchte ich die Verfügbarkeit verschiedener Flugverbindungen zu meinem Ziel abfragen können, um den für mich besten Flug zu finden.

Die Menge aller noch umzusetzenden Stories wird als das Product Backlog, die für den aktuellen Sprint vorgesehenen Stories als Sprint Backlog bezeichnet. Die Zuordnung von noch offenen Stories zu einem Sprint Backlog erfolgt erst zu Beginn eines Sprints. Dies erlaubt einerseits Flexibilität bei der Festlegung, welche Anforderungen mit dem nächsten Produktinkrement umgesetzt werden. Andererseits kann das Product Backlog jederzeit beliebig erweitert, reduziert oder es können einzelne Stories umpriorisiert werden, ohne dass es Einfluss auf die laufende Entwicklung hat.

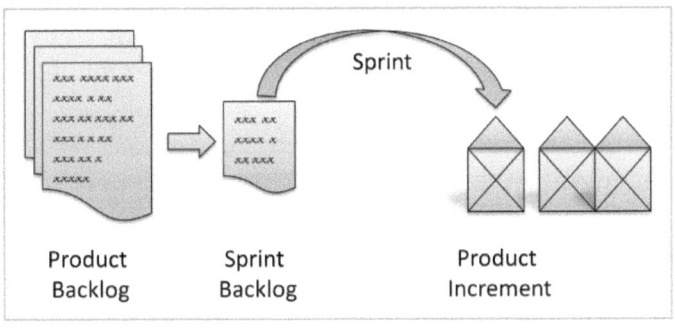

Abbildung 1: Prinzip der inkrementellen Produktentwicklung

Bei einem festen Endtermin und fest vorgegebenen Anforderungen ist die Teamstärke die wichtigste Variable zur Planung. Es wird der Personalaufwand zur Umsetzung der Stories geschätzt und entsprechend der maximal zur Verfügung stehenden Zeit die erforderliche Teamstärke bestimmt. Ergibt die Aufwandsschätzung beispielsweise 500 Personentage (PT) Gesamtaufwand und steht ein

Zeitraum von 100 Arbeitstagen (AT) zur Verfügung ist mindestens eine Teamstärke von fünf Personen erforderlich – zuzüglich eines Sicherheitspuffers.

Expertenschätzungen

Eine bewährte Methode, um sich dem notwendigen Aufwand zur Umsetzung einer User Story anzunähern, ist die Expertenschätzung. Ein oder auch mehrere Experten schätzen unabhängig voneinander den Aufwand auf Basis ihrer Erfahrungen mit vergleichbaren Aufgabenstellungen. Da diese Erfahrungen sehr unterschiedlich sein können und sich oft an den eigenen Fähigkeiten orientieren ist eine Mittelwertbildung über mehrere Schätzergebnisse naheliegend. Ein weiteres Problem dieser Methode ist neben der Subjektivität, dass Experten meist Mitglieder eines Entwicklungsteams sind und für die Dauer der Schätzung nicht produktiv zum Entwicklungsprozess beitragen können.

Bei der Delphi-Methode stellt ein Moderator zu Beginn mehreren Experten Details der zu schätzenden User Stories vor, die sie anschließend völlig unabhängig voneinander schätzen. Danach wertet der Moderator die Ergebnisse aus und präsentiert die Abweichungen. Diskussionen sind dabei unerwünscht, um eine Gruppendynamik durch dominante Experten zu vermeiden. Jeder

Experte hat die Möglichkeit, seine Schätzung zu überdenken und gegebenenfalls zu verändern. Dieser Prozess wird so lange wiederholt, bis die Abweichungen eine Toleranzschwelle nicht mehr überschreiten. Ein Vorteil der Delphi-Methode liegt in der iterativen Verfeinerung der einzelnen Expertenschätzungen und der damit verbundenen meist höheren Genauigkeit. Ein Nachteil ist die noch größere zeitliche Bindung der Experten.

Indirekte Schätzungen mit Story Points

Eine direkte Schätzung des Entwicklungsaufwands ist von den persönlichen Fähigkeiten des Schätzers abhängig und nicht von der Leistungsfähigkeit des Teams, das für die Entwicklung vorgesehen ist. Im Gegensatz zu einer direkten Schätzung ermitteln indirekte Methoden zunächst die Größe der zu entwickelnden Objekte oder Anforderungen und stellen diese anschließend in Relation zu Erfahrungswerten idealerweise des gleichen Teams aus früheren Sprints.

Im Fall der Story Point Methode bewerten Schätzer die Größe von User Stories, jedoch nicht in einer absoluten Maßeinheit sondern relativ zueinander. Beispiel: „Die Auswahl des Zielflughafens und Datums ist eine 1. Die Abfrage verfügbarer Flüge ist im Verhältnis dazu eine 3. Die Buchung eines ausgewählten Flugs ist dann eine 8." Die Skala für die zu vergebenden Story Points orientiert sich an der Fibonacci-Folge: 1, 2, 3, 5, 8, 13, und so weiter. [Cohn 2013]. Dadurch entfallen kleinteilige Diskussionen und Entscheidungen zwischen den zulässigen Werten werden erleichtert. Gleichzeitig macht die Skala jedoch auch deutlich, dass die Genauigkeit der Bewertung mit zunehmender Größe abnimmt.

Die Berechnung des voraussichtlichen Entwicklungsaufwands auf Basis von Story Points erfordert einen Erfahrungswert, wie viele Story Points das Team unter vergleichbaren Rahmenbedingungen je Inkrement bzw. Sprint umsetzen kann. Dieser Erfahrungswert wird Velocity genannt und nach jedem abgeschlossenen Sprint dadurch aktualisiert, dass die Größe der tatsächlich entwickelten Stories mit der dafür benötigten Zeit ins Verhältnis gesetzt wird.

Eine Aufwandsschätzung durch Story Points hat den Vorteil, dass sie schnell angewendet werden kann und von der aktuellen Leistungsfähigkeit des Teams und nicht einzelner Individuen ausgeht. Durch die permanente Nachkalibrierung der Velocity kann sich diese innerhalb von wenigen Sprints an Veränderungen beispielsweise in der Team-Zusammensetzung oder sonstiger Rahmenbedingungen anpassen.

Ein Nachteil der Methode ist die Detaillierung des Schätzobjekts: eine User Story, die eine Anforderung meist nur umgangssprachlich in einem Satz beschreibt. Unerwartete Komplexität, die erst bei der Umsetzung festgestellt wird, führt dann häufig zu einer Überschreitung des geschätzten Aufwands.

Indirekte Schätzungen durch Bestimmung des funktionalen Umfangs

Eine andere Art der indirekten Aufwandsschätzung ist die Bestimmung des funktionalen Umfangs (anstelle der Story Points) und die Verrechnung mit einem Erfahrungswert, welcher Umfang mit einem bestimmten Personalaufwand umgesetzt werden kann (auch häufig als Produktivität oder Effizienz bezeichnet). Die Grundlagen zur Messung des funktionalen Umfangs sind im Industriestandard ISO/IEC 14143 definiert [ISO/IEC 14143 2007]. Sie erfordern eine Präzisierung der User Stories in Anwendungsfälle.

Ein Anwendungsfall steht für ein Verhalten, das ein System nach außen – bezogen auf die definierten Systemgrenzen – anbietet, dessen Ergebnisse also für einen Akteur von außen wahrnehmbar sind. Dabei können Akteure sowohl Anwender als auch andere Systeme oder Maschinen, Hardware oder Software, sein. Das Beispiel in Abbildung 2 zeigt das Anwendungsfalldiagramm einer (stark vereinfachten) Internet Booking Engine für Flüge. Innerhalb der Systemgrenzen (dargestellt als Rechteck mit der Beschriftung „Internet Booking Engine") sind Anwendungsfälle durch Ellipsen dargestellt. Sie stehen in Beziehung mit Akteuren, im Beispiel ein Reisender und ein Computerreservierungssystem (CRS), was durch Linien zwischen den Akteuren und den Use-Cases dargestellt wird.

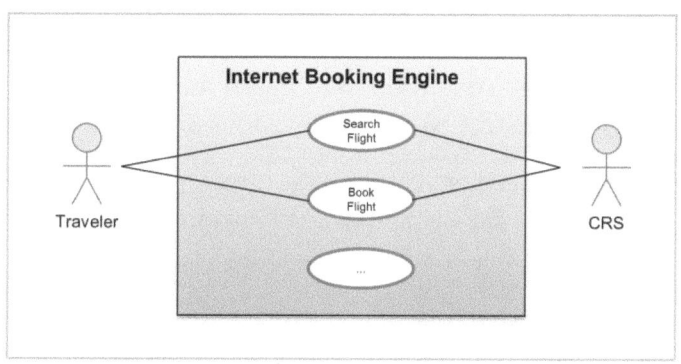

Abbildung 2: Beispiel eines Anwendungsfalldiagramms

Jeder Anwendungsfall steht für Aktionen, aus denen sich die für eine Bestimmung des funktionalen Umfangs relevanten sogenannten Basis-Funktionskomponenten oder Elementarprozesse identifizieren lassen. Die zuvor bereits als Beispiel aufgeführte User Story

Als Reisender möchte ich die Verfügbarkeit verschiedener Flugverbindungen zu meinem Ziel abfragen können, um den für mich besten Flug zu finden

könnte als Anwendungsfall „Search Flight" vereinfacht aus folgenden Elementarprozessen bestehen:

1. Reisender ruft den Flight Search Dialog auf.
2. Reisender gibt das Abflugdatum ein.
3. Reisender gibt die ersten Buchstaben des Reiseziels ein (Name oder Code).
4. System sucht in der Datenbank nach übereinstimmenden Flughäfen und zeigt eine Liste mit Namen und Codes an.
5. Reisender wählt einen Eintrag aus der Liste aus und klickt auf dem Button „Search".
6. System sendet eine Nachricht vom Typ „Flight Search Request" mit Datum und Flughafen-Code an das CRS.
7. System empfängt eine Nachricht vom Typ „Flight Search Response" vom CRS und liest die Felder Abflugzeit, Ankunftszeit, Fluggesellschaft, Flugnummer, Klasse, Preis und Währung aller aufgeführten Flüge aus.
8. System zeigt in einer Tabelle alle Flüge unter Angabe dieser Informationen an.

Die Beschreibung dieser Details ist eine Voraussetzung für die Bestimmung des funktionalen Umfangs. Da sie gleichzeitig auch eine Voraussetzung für die Implementierung ist, handelt es sich bei dieser Tätigkeit grundsätzlich nicht um zusätzlichen Aufwand.

Zusammenfassung

Wird in der Praxis eine erste, kurzfristig verfügbare Grobplanung benötigt, bieten sich schnell umzusetzende Schätzverfahren wie Story Points an. Nach der Erstellung von Anwendungsfällen kann diese Grobplanung durch eine Feinplanung auf Basis einer der im nächsten Kapitel beschriebenen Methoden präzisiert werden.

Mit Methoden, die sich am Standard ISO/IEC 14143 orientieren, kann der funktionale Umfang nach exakt festgelegten und nicht interpretierbaren Regeln ermittelt werden. Das nachfolgende Kapitel erläutert die praktische Anwendung der Function Point Analyse, der COSMIC-Methode und der Data Interaction Point-Methode auf den o.g. beispielhaften Anwendungsfall. Im daran anschließenden Kapitel wird beschrieben, wie die für eine indirekte Aufwandsbestimmung notwendigen Erfahrungswerte gemessen und welche Informationen aus ihrem zeitlichen Verlauf abgeleitet werden können.

Methoden zur Bestimmung des Entwicklungsumfangs

Function Point-Analyse

Die bekannteste Methode zur Messung des funktionalen Umfangs, die Function Point-Analyse (FPA), wurde von Allan J. Albrecht Ende der 70er Jahre entwickelt. Sie zählt die Elementarprozesse eines Anwendungsfalls und die dabei relevanten Datenstrukturen. Bei den Elementarprozessen unterscheidet man zwischen den folgenden Typen:

- **Externe Eingabe** (External Input, EI). Daten überschreiten im Rahmen eines Anwendungsfalls die Systemgrenzen von außerhalb kommend.

- **Externe Ausgabe** (External Output, EO). Daten überschreiten im Rahmen eines Anwendungsfalls die Systemgrenzen nach außen.

- **Externe Abfrage** (External Inquiry, EQ). Daten wie beispielsweise Abfragekriterien überschreiten die Systemgrenzen von außerhalb kommend und stoßen einen Abfrageprozess an, dessen Ergebnisse die Systemgrenzen nach außen überschreiten.

Bei der Zählung werden Elementarprozesse jeweils mit einem Punktwert berücksichtigt, der von der Anzahl der unterschiedlichen beteiligten Felder (Data Element Types, DETs) und der Anzahl der unterschiedlichen beteiligten Datenbestände (File Types Referenced, FTRs) abhängt. Diese Punktwerte sind in Matrizen mit dreistufigen, nach oben offenen Intervallskalen festgelegt (siehe Abbildung 3).

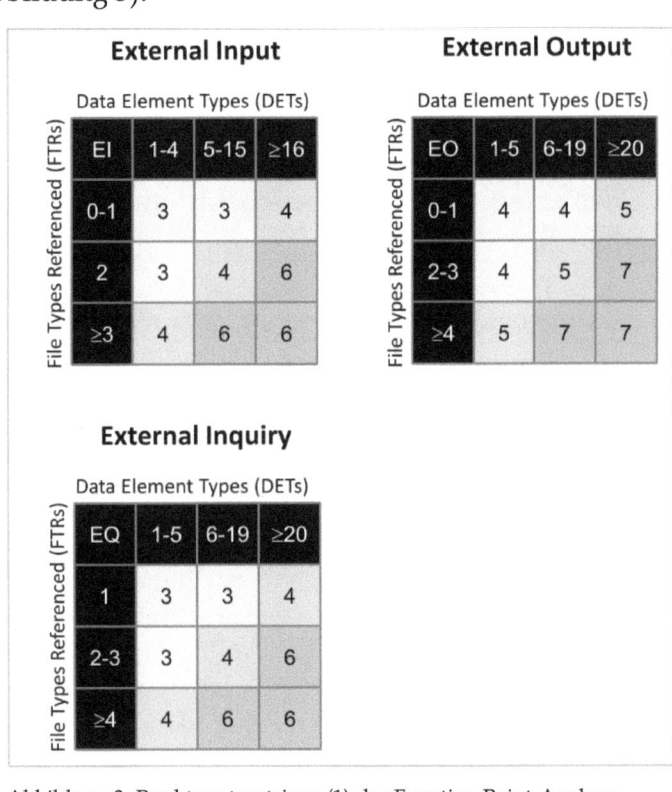

Abbildung 3: Punktwertmatrizen (1) der Function Point-Analyse

Bei Datenstrukturen, die relevant für die Elementarprozesse sind und daher ebenfalls gezählt werden müssen, wird zwischen den folgenden Typen unterschieden:

- **Interner Datenbestand** (Internal Logical File, ILF). Dabei handelt es sich um alle Teile des Datenhaushalts, die von der betrachteten Anwendung gepflegt werden, bei denen daher das Hinzufügen, Löschen oder Aktualisieren von Daten zu den Anwendungsfällen gehört.

- **Externer Datenbestand** (External Interface File, EIF). Dies sind Datenbestände, auf die seitens der betrachteten Anwendung nur lesend zugegriffen wird, das Hinzufügen, Löschen und Aktualisieren von Daten also nicht Gegenstand ihrer Anwendungsfälle ist.

Der Punktwert, mit dem eine Datenstruktur bei der Zählung berücksichtigt wird, hängt ab von der Anzahl unterschiedlicher Felder der Struktur (Data Element Types, DETs) und der Anzahl unterschiedlicher Feldgruppen (Record Element Types, RETs), aus denen die Struktur gebildet wird. Eine Feldgruppe ist eine Menge fachlich zusammengehörender Felder. Beispiele dafür sind der Name einer Person, der sich aus den Feldern Anrede, Titel, Vorname und Nachname zusammensetzt, oder die Adresse, im einfachsten Fall bestehend aus Straße, Postleitzahl und Ort. Eine Anschrift wäre also ein ILF bestehend aus den zwei Feldgruppen (RETs) Name und Adresse mit insgesamt 7 Feldern (DETs). Auch für Datenstrukturen sind die Punktwerte in Matrizen mit dreistufigen, nach oben offenen Intervallskalen festgelegt (siehe Abbildung 4).

Internal Logical File					External Interface File			
Data Element Types (DETs)					Data Element Types (DETs)			
ILF	1-19	20-50	≥51		EIF	1-19	20-50	≥51
1	7	7	10		1	5	5	7
2-5	7	10	15		2-5	5	7	10
≥6	10	15	15		≥6	7	10	10

(Left table: Record Element Types (RETs). Right table: Record Element Types (RETs).)

Abbildung 4: Punktwertmatrizen (2) der Function Point-Analyse

Die hier beschriebene Variante der Function Point-Analyse wurde von der International Function Point Users Group (IFPUG) in der Norm ISO/IEC 20926 standardisiert [ISO/IEC 20926 2009]. Es gibt Varianten dieser Methode, die ebenfalls in ISO-Normen standardisiert sind, beispielsweise die Mark II FPA-Methode der UKSMA (United Kingdom Software Metrics Association) oder die Methoden der FISMA (Finnish Software Measurement Association) und der NESMA (Netherlands Software Metrics Users Association). Die Methode der IFPUG ist die weltweit bekannteste

Methode und gilt als Standard für Messungen des funktionalen Umfangs.

Für das bereits im vorhergehenden Kapitel verwendete Beispiel des Anwendungsfalls „Search Flight" würde die Berechnung wie folgt aussehen:

1. Reisender gibt das Abflugdatum und die ersten Buchstaben des Reiseziels ein (Name oder Code):
    1 Externe Eingabe (EI) mit 1 FTR und 2 DETs = 3 FP

2. System sucht in der Datenbank nach übereinstimmenden Flughäfen und zeigt eine Liste mit Namen und Codes an:
    1 Externer Datenbestand (EIF) mit 1 RET und 2 DETs = 5 FP

3. Reisender wählt einen Eintrag aus der Liste aus und klickt auf den Button „Search":
    1 Externe Eingabe (EI) mit 1 FTR und 1 DET (der ID des ausgewählten Listeneintrags) = 3 FP

4. System sendet eine Nachricht vom Typ „Flight Search Request" mit Datum und Flughafen-Code an das Computerreservierungssystem (CRS):
    1 Externe Ausgabe (EO) mit 1 FTR und 2 DETs = 4 FP

5. System empfängt eine Nachricht vom Typ „Flight Search Response" vom CRS und liest die Felder Abflugzeit, Ankunftszeit,

Fluggesellschaft, Flugnummer, Klasse, Preis und Währung aller aufgeführten Flüge aus:
1 Externe Eingabe (EI) mit 1 FTR und 7 DETs = 3 FP

6. System zeigt in einer Tabelle alle Flüge unter Angabe dieser Informationen an:
1 Externe Ausgabe (EO) mit 1 FTR und 7 DETs = 4 FP

In der Summe ergibt dies einen funktionalen Umfang von 22 Function Points (FP).

Liegt aus der letzten Retrospektive ein Erfahrungswert für die Produktivität vor, d.h. die Information, wie viele Function Points im Durchschnitt pro Arbeitseinheit umgesetzt werden können, lässt sich daraus der voraussichtliche Personalaufwand errechnen:

$$\text{Aufwand} = \frac{\text{funktionaler Umfang}}{\text{Produktivität}}$$

Bei einer angenommenen durchschnittlichen Produktivität von 5,5 FP/PT (Function Points je Personentag) ist somit für die errechneten 22 Function Points des Anwendungsfalls „Search Flight" mit einem Entwicklungsaufwand von 4 Personentagen zu rechnen – für die gleichen Tätigkeiten und unter den gleichen Rahmenbedingungen, unter denen der Erfahrungswert für die durchschnittliche Produktivität gemessen wurde.

COSMIC-Methode

Die Überlegung, nicht Elementarprozesse zu zählen und die daran beteiligten Datenelemente zur Ermittlung der Punktwerte zu verwenden, sondern die Datenelemente selbst zu zählen führte in den 80er Jahren zur Entwicklung der Full Function Points-Methode (FFP-Methode). Basierend darauf wurde 1998 das Common Software Measurement International Consortium (COSMIC) gegründet [COSMIC 2015]. Die FFP- bzw. COSMIC-Methode wurde 2003 als Standard in der Norm ISO/IEC 19761 anerkannt [COSMIC FSM 2014].

Die COSMIC-Methode zählt für jeden Elementarprozess die beteiligten unterschiedlichen Datenelemente, welche die Systemgrenzen überschreiten, in der Datenbank gespeichert oder von dort gelesen werden. COSMIC bezeichnet sie als Datenbewegungen und unterscheidet folgende Typen:

- **Entry**: Ein oder mehrere Datenelemente überschreiten von der Seite eines Akteurs aus die Systemgrenzen und werden von einem funktionalen Prozess verwendet. COSMIC verwendet an Stelle der Akteure auch den Begriff der funktionalen Benutzer, bei denen es sich neben Menschen oder externen Systemen um unterschiedliche Objekte aus Hardware oder Software handeln kann, beispielsweise Eingabe- oder Ausgabegeräte, die Daten über die Systemgrenzen hinweg senden oder empfangen und dadurch funktionale Prozesse des betrachteten Systems anstoßen.

- **Exit**: Ein oder mehrere Datenelemente aus einem funktionalen Prozess überschreiten die Systemgrenzen in Richtung eines Akteurs beziehungsweise funktionalen Benutzers.

- **Read**: Ein oder mehrere Datenelemente werden aus einem persistenten Speicher gelesen und in einem funktionalen Prozess verarbeitet.

- **Write**: Ein oder mehrere Datenelemente aus einem funktionalen Prozess werden in einem persistenten Speicher abgelegt.

Der funktionale Umfang ergibt sich aus der Anzahl aller den Typen Entry, Exit, Read und Write zuzuordnenden Datenbewegungen – ohne Gewichtung oder Unterscheidung von Punktwerten. Für den bereits zuvor als Beispiel dienenden Anwendungsfall „Search Flight" sieht die Berechnung nach der COSMIC-Methode wie folgt aus:

1. Reisender gibt das Abflugdatum ein:
   1 x Entry

2. Reisender gibt die ersten Buchstaben des Reiseziels ein (Name oder Code):
   1 x Entry

3. System sucht in der Datenbank nach übereinstimmenden Flughäfen und zeigt eine Liste mit Namen und Codes an:
   2 x Read

4. Reisender wählt einen Eintrag aus der Liste aus und klickt auf den Button „Search":
   1 x Entry

5. System sendet eine Nachricht vom Typ „Flight Search Request" mit Datum und Flughafen-Code an das Computerreservierungssystem (CRS):
   2 x Exit

6. System empfängt eine Nachricht vom Typ „Flight Search Response" vom CRS und liest die Felder Abflugzeit, Ankunftszeit, Fluggesellschaft, Flugnummer, Klasse, Preis und Währung aller aufgeführten Flüge aus:
   7 x Entry

7. System zeigt in einer Tabelle alle Flüge unter Angabe dieser Informationen an:
   7 x Exit

In der Summe sind dies 21 Datenbewegungen, d.h. der funktionale Umfang beträgt 21 COSMIC Function Points (CFP).

Auch in diesem Fall entspricht der zu erwartende Entwicklungsaufwand dem Quotienten von errechnetem Umfang und Erfahrungswert für die durchschnittliche Produktivität. Beispiel: Bei einer Produktivität von 5 CFP/PT (COSMIC Function Points je Personentag) ergibt sich ein Entwicklungsaufwand von 4,2 Personentagen (unter den gleichen Rahmenbedingungen, unter denen der Erfahrungswert gemessen wurde).

Data Interaction Point-Methode

Die Motivation für die 2006 von der PASS Consulting Group durchgeführte Entwicklung der Data Interaction Point-Methode (DIP-Methode) war es, eine Messmethode für den funktionalen Umfang zu finden, bei der Datenelemente an Stelle von Elementarprozessen gezählt, jedoch (im Gegensatz zur COSMIC-Methode) entsprechend der Komplexität der funktionalen Prozesse unterschiedlich gewichtet werden [PASS 2014]. Die Methode sieht folgende Unterscheidungen vor:

- **Dialoge/Masken** (DIP-UI): Bei modernen, dialogorientierten Webanwendungen werden Eingabeelemente mit einem Punktwert von 3 und reine Ausgabeelemente mit einem

Punktwert von 1 gezählt. Je nach Technologie können diese Werte angepasst werden, beispielsweise bei rein zeichenorientierten Masken mit weniger komplexen Eingabefunktionen.

- **Schnittstellen bzw. Importe/Exporte** (DIP-IMP/EXP): Hier werden alle Datenelemente gezählt, welche die Systemgrenzen überschreiten und von einem funktionalen Prozess eines Anwendungsfalls verwendet werden. Die Punktwerte variieren zwischen 1 für einfache Komplexität und 2 für Schnittstellentypen mit einer überdurchschnittlich hohen Komplexität des funktionalen Prozesses.

- **Datenbank** (DIP-DB/REF): Datenelemente, die von der Anwendung nur gelesen werden, gehen mit dem Punktwert 1 in die Zählung ein. Datenelemente, die von der Anwendung auch verändert werden, mit dem Punktwert 3.

Für den beispielhaften Anwendungsfall „Search Flight" liefert die Anwendung der Data Interaction Point-Methode folgendes Ergebnis:

1. Reisender gibt das Abflugdatum ein:
   1 UI-Eingabefeld x 3 = 3 DIP

2. Reisender gibt die ersten Buchstaben des Reiseziels ein (Name oder Code):
   1 UI-Eingabefeld x 3 = 3 DIP

3. System sucht in der Datenbank nach übereinstimmenden Flughäfen und zeigt eine Liste mit Namen und Codes an:
2 Attribute in einer Referenztabelle (DIP-REF) x 1 = 2 DIP

4. Reisender wählt einen Eintrag aus der Liste aus und klickt auf den Button „Search":
1 UI-Eingabefeld (ID des ausgewählten Listeneintrags) x 3 = 3 DIP

5. System sendet eine Nachricht vom Typ „Flight Search Request" mit Datum und Flughafen-Code an das Computerreservierungssystem (CRS):
2 Schnittstellenattribute (DIP-EXP) x 1 = 2 DIP

6. System empfängt eine Nachricht vom Typ „Flight Search Response" vom CRS und liest die Felder Abflugzeit, Ankunftszeit, Fluggesellschaft, Flugnummer, Klasse, Preis und Währung aller aufgeführten Flüge aus:
7 Schnittstellenattribute (DIP-IMP) x 1 = 7 DIP

7. System zeigt in einer Tabelle alle Flüge unter Angabe dieser Informationen an:
7 UI-Ausgabefelder (Tabellenspalten) x 1 = 7 DIP

Dies ergibt einen funktionalen Umfang von 27 Data Interaction Points (DIP).

Bei einem angenommenen Erfahrungswert für die durchschnittliche Produktivität von 6 DIP/PT (Data Interaction Points je Personentag) ergibt sich in diesem Beispiel ein Entwicklungsaufwand von 4,5 Personentagen – unter der Prämisse gleicher Rahmenbedingungen.

Erweiterung der Methoden zur Bestimmung des Weiterentwicklungsumfangs

Alle zuvor beschriebenen Beispiele zur methodischen Bestimmung des funktionalen Umfangs betreffen Neuentwicklungen. Bei der Weiterentwicklung einer bestehenden Anwendung müssen für eine indirekte Aufwandsschätzung nicht nur neu zu implementierende funktionale Prozesse gezählt werden sondern auch bestehende, die von einer Änderung betroffen sind oder gelöscht werden. Abhängig von der verwendeten Methode stellt sich dabei die Frage der Punktwerte. Bei der Function Point-Analyse und der Data Interaction Point-Methode hat es sich bewährt, geänderte oder gelöschte Objekte mit dem niedrigsten Punktwert der jeweiligen Kategorie bei der Zählung zu berücksichtigen. Bei FPA wäre dies 3 für externe Eingaben, 4 für externe Ausgaben, und so weiter, bei der DIP-Methode generell ein Punktwert von 1.

Einfluss der Komplexität

Im Zusammenhang mit Softwareentwicklung lassen sich drei Komplexitätstypen unterscheiden, die einen unterschiedlichen Einfluss auf die Zuverlässigkeit einer Aufwandsschätzung haben können.

Komplexität einer Implementierung

Dieser Aspekt der Komplexität betrifft den Aufwand zum Verstehen des Codes einer bereits bestehenden Anwendung, die weiterentwickelt werden soll. Ursachen für eine hohe Komplexität können beispielsweise schlechter Programmierstil, Nachlässigkeiten in der Kommentierung oder Defizite im Anwendungsdesign sein. Auswirkungen sind ein höherer Zeitaufwand für die Umsetzung neuer Anforderungen.

Für die zuvor beschriebenen Umfangsmetriken spielt dieser Komplexitätstyp keine Rolle, da sie auf funktionalen Anforderungen basieren und unabhängig von technologischen Aspekten sind. Bei der Weiterentwicklung einer bestehenden Anwendung hat es sich bewährt, einen Erfahrungswert für die durchschnittliche Produktivität zu verwenden, der aus vorhergehenden Entwicklungszyklen derselben Anwendung ermittelt wurde. Dadurch fließt indirekt auch die spezifische Komplexität dieser Implementierung in die Aufwandsschätzung ein.

Interaktionskomplexität

Die in diesem Kapitel vorgestellten Methoden orientieren sich ausschließlich an Interaktionen zwischen dem betrachteten System und den Akteuren seiner Anwendungsfälle (seinen funktionalen Benutzern). Es ist daher naheliegend, auch die Komplexität dieser Interaktionen und der funktionalen Prozesse, die durch sie angestoßen werden, zu berücksichtigen.

Bei der Function Point-Analyse geht die Interaktionskomplexität in Form unterschiedlicher Punktwerte für die gezählten Elementarprozesse und die Systemgrenzen überschreitenden Datenstrukturen ein. Wie zuvor beschrieben, wird dabei der Punktwert eines Objekts von der Anzahl involvierter Datenelemente bzw. Strukturen abgeleitet, was zweifellos mit der Komplexität korreliert.

Ein anderer Ansatz ist es, die Komplexität von Anwendungsfällen aus der Art und Richtung von Datenbewegungen abzuleiten, wie im Fall der Data Interaction Point-Methode. Die Eingabe eines Datenelements in einen Dialog hat aufgrund der notwendigen Validierungen und der Persistenz eine höhere Komplexität als die reine Anzeige oder Ausgabe und wird daher mit einem höheren Punktwert gezählt. Ebenso ist das Schreiben eines Datenelements in die Datenbank aufgrund der Validierungen sowie Konsistenz- und Integritätsprüfungen mit einer höheren Komplexität verbunden als ein reiner Lesezugriff. Der Vorteil solcher

Unterscheidungen liegt in ihrer einfachen Zuordenbarkeit. So lassen sich Eingabe- und Ausgabeelemente meist leicht unterscheiden und unabhängig voneinander zählen.

Algorithmische Komplexität

Überall dort, wo Interaktionen eines Systems mit Menschen oder anderen Systemen im Vordergrund stehen, ist eine Umfangsmessung auf Basis von Anwendungsfällen sinnvoll, wie sie im Standard ISO/IEC 14143 beschrieben wird. Dabei orientiert man sich ausschließlich an den Datenbewegungen zwischen dem zu messenden System und den Akteuren der Anwendungsfälle sowie der Abbildung dieser Daten in der Datenbank.

Auf Systeme, bei denen diese Interaktionen nicht im Vordergrund stehen, die beispielsweise in der Hauptsache komplexe Algorithmen ausführen, können die beschriebenen Messmethoden nur eingeschränkt angewendet werden. Dies mag am Beispiel eines Routenplanungsprogramms deutlich werden, das als Input eine Start- und mehrere Zieladressen erhält und als Output eine Reihe von Streckenabschnitten liefert. Die Messung des funktionalen Umfangs wird einen geringen Umfang ergeben. Als Folge davon errechnet man bei einer indirekten Aufwandsschätzung auch einen geringen Entwicklungsaufwand. Zu gering, denn Planungsalgorithmen sind komplex und ihre Implementierung erfordert einen hohen Aufwand.

Stehen nicht Interaktionen eines Systems mit seinen Akteuren im Vordergrund sondern komplexe Algorithmen, ist eine indirekte Aufwandsschätzung auf Basis des funktionalen Umfangs nicht empfehlenswert. In diesem Fall wird man vermutlich mit einer Expertenschätzung verlässlichere Ergebnisse erzielen.

Methodenvergleich

Der Aufwand für eine Bestimmung des funktionalen Umfangs wird stark von der Strukturierung der funktionalen Anforderungen, der Qualität ihrer Beschreibungen und der eigenen Methodenkenntnis bestimmt. Je nach Ausprägung dieser Bedingungen kann jede der drei betrachteten Methoden zeitaufwendig sein oder auch schnell von der Hand gehen. An den zuvor dargestellten Beispielen wird jedoch deutlich, dass die Function Point-Analyse aufgrund der Verwendung von Intervallskalen mehr Arbeitsschritte erfordert als das direkte Zählen von Datenbewegungen oder Datenelementen. In der Praxis wird dies manchmal durch Näherungsverfahren ausgeglichen, bei denen die Transformationsmatrizen ignoriert werden und stattdessen konstante Näherungswerte in die Zählung eingehen. Dies reduziert den Aufwand für die Umfangsbestimmung jedoch um den Preis einer völligen Vernachlässigung der Komplexität.

Die Orientierung an der Interaktionskomplexität ist ein Vorteil der Function Point-Analyse in der standardisierten Version nach IFPUG, das heißt ohne Näherungsverfahren. Interaktionskomplexität wird auch von der Data Interaction Point-Methode berücksichtigt, nicht jedoch von der COSMIC-Methode, bei der jede Datenbewegung mit demselben Wert in die Zählung eingeht. Algorithmische Komplexität wird von keiner der drei betrachteten Methoden berücksichtigt.

Hinsichtlich der Messgenauigkeit hat die Function Point-Analyse das Problem, dass sich die Punktwerte von Elementarprozessen und Datenstrukturen ab einer gewissen Größe nicht mehr unterscheiden. So haben beispielsweise Datenstrukturen (ILFs) mit mehreren Feldgruppen (RETs) immer den Punktwert 15, sobald die Anzahl unterschiedlicher Felder (DETs) mehr als 50 beträgt – ungeachtet der Tatsache, dass Datenstrukturen älterer Systeme häufig mehrere Hundert unterschiedliche Felder enthalten können. Bei der COSMIC- und der Data Interaction Point-Methode gibt es keine Begrenzung: Jede Datenbewegung respektive jedes Datenelement erhöht auch den Umfang.

Weitere Methoden

Über die drei zuvor betrachteten Methoden hinaus gibt es noch zahlreiche Weitere, die sich mehr oder weniger stark an der Funktionalität orientieren. Einige davon sind nachfolgend aufgeführt – in alphabetischer Reihenfolge und ohne Anspruch auf Vollständigkeit:

- Bang-Metrik, De Marco, 1982. Zählt ausgehend von der strukturierten Analyse Functional Primitives. Deren Punktwerte orientieren sich an der Anzahl der Input- und Output-Token.

- Data Point-Methode, Sneed, 1989. Zählt Tabellen, Schlüssel, Relationen und Attribute in der Datenbank sowie deren Verwendung in Dialogen und Schnittstellen. Punktwerte werden geschätzt.

- FISMA Function Point-Methode (ISO/IEC 29881), Finnish Software Measurement Association (FiSMA), 2009. Zählt die Systemgrenzen überschreitenden Datenelemente, deren algorithmische Verwendung und Schreib-/Lesezugriffe auf den Datenhaushalt. Punktwerte sind verwendungsbezogen.

- Mark II FPA-Methode (ISO/IEC 20968), United Kingdom Software Metrics Association (UKSMA), 1998. Basiert auf FPA. Zählt Elementarfunktionen und Zugriffe auf den

Datenhaushalt und verwendet festgelegte Punktwerte.

- NESMA Function Point-Methode (ISO/IEC 24570), The Netherlands Software Metrics Users Association (NESMA), 2005. Neben Näherungsverfahren gibt es die Methode "Detailed FPC", die identisch mit der ursprünglichen FPA ist.

- Object Point-Methode, Sneed, 1994. Zählt auf Basis eines Klassenmodells Klassen, Prozesse und Nachrichten.

- Use Case Point-Methode, Karner, 1993. Zählt Anwendungsfälle und Akteure und verwendet für die Punktwerte dreistufige Intervallskalen.

Bei einer indirekten Aufwandsschätzung muss der funktionale Umfang der zu implementierenden Anforderungen mit der gleichen Methode ermittelt werden mit der auch der in Beziehung gesetzte Erfahrungswert für die eigene Produktivität gemessen wurde. Ein Unternehmen muss sich daher für eine Methode entscheiden, unter Berücksichtigung beispielsweise des Aufwands zur Anwendung der Methode, des eventuell vorhandenen Know-hows, falls erforderlich auch der Fähigkeit zur Kalibrierung der Punktwerte für verschiedene Systemtypen, der Eignung für bestimmte Systemgrößen und der Berücksichtigung von Komplexität.

Messung des Referenzwerts für eine indirekte Aufwandsschätzung

Im vorherigen Kapitel wurde beschrieben, wie der Umfang funktionaler Anforderungen bestimmt werden kann. Bei einer indirekten Aufwandsschätzung wird dieser Umfang durch einen Erfahrungswert für die unter vergleichbaren Rahmenbedingungen gemessene Entwicklungsproduktivität dividiert. Die regelmäßige Messung solcher Referenzwerte, notwendige Voraussetzungen und mögliche Interpretationen, sind Gegenstand des folgenden Kapitels.

Nachträgliche Messung der Produktivität

Das Prinzip der indirekten Aufwandsschätzung setzt einen Erfahrungswert für die eigene Produktivität voraus, der nach einem abgeschlossenen Entwicklungsprozess, beispielsweise im Rahmen einer Retrospektive, durch folgende Formel errechnet werden kann:

$$\text{Produktivität} = \frac{\text{funktionaler Umfang}}{\text{Aufwand}}$$

Mit „funktionaler Umfang" ist der Umfang der durch den Entwicklungsprozess erfolgreich implementierten und getesteten Software gemeint.

Als „Aufwand" ist der gesamte Personalaufwand dieses Entwicklungsprozesses anzugeben.

Prozessabgrenzung

Anfang und Ende des betrachteten Entwicklungsprozesses müssen eindeutig festgelegt sein. Maßgebend dafür, welcher Personalaufwand berücksichtigt wird ist nicht die Zugehörigkeit einer Person zum Team sondern die Zugehörigkeit seiner Tätigkeit zum Entwicklungsprozess. Projektfremde Tätigkeiten von Teammitgliedern dürfen nicht in den bei einer Produktivitätsmessung betrachteten Aufwand einfließen. Gleiches gilt für Analysen und Korrekturen älterer Fehler. Umgekehrt ist auch für Zulieferungen oder Unterstützungsleistungen von Personen, die nicht zum Team gehören, der dafür aufgewendete Personalaufwand hineinzurechnen. Ansonsten ist die errechnete Produktivität nicht geeignet, um die notwendige Arbeitsleistung zur Entwicklung neuer Inkremente zuverlässig abschätzen zu können.

Betrachtung von Teilprozessen

Bei einer indirekten Aufwandschätzung auf Basis eines Erfahrungswerts für die Produktivität erhält man stets einen Schätzwert für den gleichen Prozess, der auch bei der Messung dieses Erfahrungswerts betrachtet wurde. Wird bei der nachträglichen Produktivitätsmessung beispielsweise Personalaufwand ab dem Zeitpunkt berücksichtigt, an dem Anwendungsfälle fertig beschrieben sind und mit der Entwicklung begonnen wird, so ergibt eine indirekte Aufwandsschätzung auch einen Schätzwert für den Aufwand, mit dem nach der Fertigstellung von Anwendungsfällen zu rechnen ist. Prinzipiell kann der bei einer nachträglichen Produktivitätsmessung betrachtete Prozess beliebig eingeschränkt werden. So ist es beispielsweise möglich, die Produktivität der Konzeption, der Implementierung, einer eigenen Testphase oder anderer Teilprozesse jeweils als eigenen Wert zu errechnen. Eine Voraussetzung ist jedoch, dass der Personalaufwand diesen Tätigkeiten eindeutig zugeordnet werden kann, was in der Praxis manchmal auf organisatorische Probleme stößt. Durch die Verfügbarkeit einzelner Messungen wäre man in der Lage, nach einer Bestimmung des funktionalen Umfangs den erforderlichen Personalaufwand für jeden Teilprozess beziehungsweise jede Tätigkeit unabhängig voneinander zu errechnen.

Einhaltung festgelegter Qualitätskriterien

Ebenso wichtig wie die Definition des Anfangspunktes für den betrachteten Entwicklungsprozess ist sein Ende. Es kann durch Abschlusskriterien bezüglich der erreichten Qualität festgelegt werden. Für dieses „Quality Gate" sollten Regeln und Kriterien möglichst präzise festgelegt werden. Falls notwendig, ist die Produktivitätsmessung nach Abschluss der Entwicklung auf jene Softwarekomponenten einzuschränken, welche die geforderte Qualität erreicht haben und als neues Produktinkrement verwendet werden.

Automatisierte Messungen

Abbildung zu zählender Objekte auf konstruktive Merkmale

Die im Rahmen einer Nachbetrachtung durchgeführte Messung des implementierten funktionalen Umfangs kann zeitaufwendig sein. Außerdem handelt es sich um eine wenig kreative Arbeit, oft als „Erbsenzählerei" bezeichnet, deren Nutzen am Ende der erfolgreichen Entwicklung eines neuen Produktinkrements oft fragwürdig erscheint. Dennoch ist diese Tätigkeit entscheidend für die Zuverlässigkeit künftiger Aufwandsschätzungen.

Bei allen drei in diesem Buch vorgestellten Methoden werden Objekte gezählt, deren Entsprechungen im Quellcode, in Metadaten oder Modellen der entsprechenden Software aufgefunden werden können. Je nach Design und Namenskonventionen lassen sich meist eindeutige Regeln für die Identifikation dieser Objekte aufstellen. In solchen Fällen kann ein Programm erstellt werden, das den Quellcode liest, nach diesen Regeln überprüft und die identifizierten Objekte zählt oder sogar inventarisiert. Beispiele für Automatisierungsansätze sind:

- GUI-Frameworks, die häufig Modelle oder Vorlagen der Dialoge verwenden. Technisch handelt es sich dabei meist um XML- oder XHTML-Dateien. Nach der Zuordnung bestimmter Tags zu Typen von Dialogelementen können die Dateien per Programm geparst und entsprechend der Häufigkeit dieser Tags analysiert werden.

- Schnittstellen, die auf XML-Schemata oder einer Beschreibung in WSDL (Web Services Description Language) basieren. Auch hier lassen sich bestimmte Tags den gesuchten Datenelementen zuordnen, so dass diese Dateien ebenfalls per Programm geparst und analysiert werden können. Dabei ist jedoch zu beachten, dass oft nicht jedes in einem Schema für eine standardisierte Schnittstelle definierte Datenelement auch von den im zu messenden System implementierten Anwendungsfällen verwendet wird. Zu zählen sind die verwendeten und nicht alle in einer Datenstruktur vorkommenden Datenelemente.

- Tabellen, Attribute und Relationen einer Datenbank, die sich je nach verwendetem DBMS (Database Management System) als Metadaten aus den Systemtabellen des DBMS auslesen und durch ein Programm auswerten lassen.

Selbstverständlich erfordert ein auf die eigene Software zugeschnittenes Zählprogramm einen nicht unerheblichen initialen Analyse- und Entwicklungsaufwand. Einmal erstellt versetzt es das Team jedoch in die Lage, den funktionalen Umfang der Software durch einen einfachen Programmaufruf messen und anzeigen zu lassen. Durch Vergleich mit der Messung des vorhergehenden Inkrements kann so der neu implementierte Umfang ermittelt und durch Berücksichtigung des Personalaufwands direkt die Produktivität errechnet werden.

Mögliche Einschränkungen

Ein Problem der automatisierten Messung des funktionalen Umfangs ist, dass sich Anwendungsfälle nicht immer eins-zu-eins auf konstruktive Merkmale abbilden lassen. Guter Programmierstil und gutes Design haben oft zur Folge, dass einmal implementierte Objekte wiederverwendet werden. Als Beispiel mag ein Dialog dienen, der in unterschiedlichen Anwendungsfällen aufgerufen wird. In Anwendung A wurde der Dialog nur einmal implementiert und seine Funktionalität wird so geschickt von der Fachlogik gesteuert, dass er für mehrere Anwendungsfälle eingesetzt werden konnte. In einer anderen Anwendung B haben die Entwickler diesen Dialog vielleicht für jeden Anwendungsfall, in dem er benötigt wird, nochmals implementiert, oder sie haben ihn kopiert und die Kopien jeweils entsprechend modifiziert. Eine Umfangsmessung, die implementierte Dialoge bzw. Dialogelemente zählt, kommt im Fall des einmal implementierten und mehrfach verwendeten Dialogs zu einem geringeren Umfangswert als im Fall des mehrfach implementierten oder kopierten Dialogs. Der höhere Messwert für System B, bei dem der Dialog für jeden Anwendungsfall erneut gezählt wird, ist methodisch korrekt, da die Messmethoden sich gemäß dem Standard ISO/IEC 14143 an den Anwendungsfällen orientieren. Der niedrigere Messwert für System A, bei dem mehrere Anwendungsfälle den gleichen Dialog verwenden, ist zu niedrig, weil dabei nicht alle Anwendungsfälle berücksichtigt wurden.

Leider ist es in der Praxis schwer, den Aspekt der Wiederverwendung in automatisierte Umfangsmessungen einzubeziehen. Solange stets nur Umfangsmessungen desselben Systems benutzt werden, um den Zuwachs gegenüber dem vorhergehenden Inkrement zu errechnen, kann dieses Problem nahezu vernachlässigt werden. Jedoch ist die Vergleichbarkeit von Umfangsmessungen verschiedener Systeme, bei denen konstruktive Merkmale und nicht Anwendungsfälle berücksichtigt werden, im Fall unterschiedlich hoher Wiederverwendungsgrade eingeschränkt.

Iterative Präzisierung der gemessenen Produktivität

In der Praxis lässt sich oft beobachten, dass die bei der Entwicklung kleiner Inkremente gemessene Produktivität häufiger und stärker vom Durchschnittswert abweicht als bei der Messung großer Inkremente. Die Ursache dafür ist meist eine unterschiedliche Komplexität der zu implementierenden Anforderungen, die von den in diesem Buch beschriebenen Methoden nicht vollständig berücksichtigt wird und somit bei kleineren Inkrementen leicht zu einer Ungenauigkeit führen kann.

Als Beispiel sei einerseits das neue Release einer Anwendung genannt, in dem nur mehrere neue Berichte umgesetzt wurden. Diese Berichte stellen eine große Menge von Datenelementen dar, welche die Systemgrenzen überschreiten und somit einen deutlichen Zuwachs des funktionalen Umfangs ergeben. Nehmen wir an, alle Berichtsdaten werden durch einfache Abfragen aus der Datenbank gelesen. Der Aufwand für dieses Release ist gering und der funktionale Umfang groß, woraus sich eine hohe Produktivität ergibt. Als zweites Beispiel mag nun ein Anwendungsrelease dienen, in dem ein komplexer Algorithmus mit Ausgabe des Ergebniswerts in einem einzigen Dialogfeld implementiert wurde. Alle betrachteten Methoden ergeben hier einen geringen Entwicklungsumfang, da für den Anwender nur ein Wert sichtbar ist.

Der Aufwand zur Implementierung ist aufgrund der algorithmischen Komplexität jedoch hoch. Rechnerisch ergibt dies eine geringe Produktivität.

Bei der Betrachtung eines geringen Entwicklungsumfangs besteht das Risiko, dass die wenigen Anforderungen nahezu vollständig eine gegenüber dem Durchschnitt entweder zu niedrige oder zu hohe Komplexität haben und so auch die für dieses Release oder Inkrement gemessene Produktivität einseitig fehlerbehaftet ist. Bei einem größeren Entwicklungsumfang nivellieren sich diese Unterschiede meist. In der Praxis hat es sich daher bewährt, die Produktivität zur Weiterentwicklung eines Systems, die als Erfahrungswert für die indirekte Aufwandsschätzung neuer Inkremente dienen soll, durch Zusammenfassen von Umfang und Aufwand aller in einem größeren Zeitraum entwickelten Inkremente bzw. Releases zu berechnen:

$$\text{Produktivität} = \frac{\sum \text{funktionaler Umfang}}{\sum \text{Aufwand}}$$

Beispiel: In Tabelle 1 sind der funktionale Entwicklungsumfang U_n und der Aufwand A_n für mehrere Releases derselben Anwendung aufgeführt.

	Umfang U_n (DIP)	Aufwand A_n (PT)	Produktivität $\overline{P}$ (DIP/PT)
Rel. 1.0	125	23	
Rel. 1.1	23	2	
Rel. 1.2	540	123	
Rel. 1.3	125	15	5,0
Rel. 1.4	410	149	3,8
Rel. 1.5	90	77	3,2
Rel. 2.0	1.210	85	5,6
Rel. 2.1	435	26	6,4
Rel. 2.2	100	88	6,6
Rel. 2.3	995	200	6,9

Tabelle 1: Beispielhafte Kennzahlen einer Weiterentwicklung (1)

Die jeweils errechnete durchschnittliche Produktivität (rechte Spalte) ergibt sich in diesem Beispiel aus der Summe von Umfang und Aufwand der letzten 4 Releases. Für Release 1.3 errechnet sich die durchschnittliche Produktivität somit wie folgt:

$$\overline{P} = \frac{125 + 23 + 540 + 125}{23 + 2 + 123 + 15} = 5$$

Diese Art der Berechnung erweist sich als robust gegenüber „Ausreißern" wie Release 1.1, das bei einer Einzelbetrachtung eine Produktivität von 11,5 hätte (ergibt sich aus Umfang 23 DIP dividiert durch Aufwand 2 PT), oder Release 2.2 mit einer einzeln gemessenen Produktivität von 1,1 (ergibt sich aus Umfang 100 DIP dividiert durch Aufwand 88 PT). Erst durch die Zusammenfassung mehrerer Einzelmessungen wird in diesem Beispiel die Nachhaltigkeit der Produktivitätsverbesserung deutlich, die sich ab Release 2.0 eingestellt hat. Durch eine Betrachtung der einzelnen Messungen ist dies nicht direkt erkennbar.

Der in diesem Beispiel gewählte Zeitraum von vier Releases für die Zusammenfassung der Weiterentwicklungen reicht aus, um den beschriebenen Nivellierungseffekt verdeutlichen zu können. Je nach Releasehäufigkeit kann die Zusammenfassung größerer Zeiträume wie dem eines vollständigen Jahres sinnvoll sein.

Berücksichtigung nicht-funktionaler Anforderungen

Bei der Neuentwicklung von Systemen ist der Aufwand für die Umsetzung nicht-funktionaler Anforderungen meist schwer zu bewerten. Einige Beispiele, bei denen der Mehraufwand erfahrungsgemäß nicht zu unterschätzen ist, sind

- eine große Zahl gleichzeitiger Systembenutzer,

- ein hohes Transaktionsvolumen, das vom System in kurzer Zeit verarbeitet oder mit anderen Systemen ausgetauscht werden soll,

- eine permanente Verfügbarkeit des Systems ohne spürbare Ausfallzeiten selbst bei schwerwiegenden Systemstörungen oder

- die barrierefreie Anwendung aller Systemfunktionen.

Mit Methoden, die sich am Standard ISO/IEC 14143 orientieren, können nicht-funktionale Anforderungen nicht gemessen werden. Sie können jedoch indirekt in einer Aufwandsschätzung berücksichtigt werden, wenn man einen Erfahrungswert für die Produktivität wählt, der bei der Entwicklung eines Systems mit möglichst den gleichen nicht-funktionalen Anforderungen und auch sonst sehr ähnlichen Rahmenbedingungen gemessen wurde. Steht kein Erfahrungswert für die unter ähnlichen Bedingungen gemessene Produktivität zur Verfügung, können die Auswirkungen der abweichenden nicht-funktionalen Anforderungen hinsichtlich des zusätzlichen Entwicklungsaufwands beispielsweise durch eine Expertenschätzung ermittelt werden.

Bei der Weiterentwicklung eines Systems besteht dieses Problem nicht, da der Erfahrungswert in der Regel nach Abschluss der letzten Inkremente gemessen wurde und er somit die inhärenten Eigenschaften des Systems bereits berücksichtigt. Ausgenommen sind dabei Änderungen nicht-funktionaler Eigenschaften, die erst im Rahmen der anstehenden Weiterentwicklung umgesetzt werden sollen.

Regelmäßige Messungen

Der für eine indirekte Aufwandsschätzung mit funktionalen Messmethoden erforderliche Erfahrungswert der eigenen Produktivität muss zyklisch erhoben und dadurch regelmäßig aktualisiert werden. Wurde ein Programm zur automatischen Messung des funktionalen Umfangs erstellt, ist nach seinem Aufruf lediglich die Differenz zur vorhergehenden Umfangsmessung zu bilden und mit dem entwicklungsrelevanten Personalaufwand in Relation zu stellen. Im Idealfall kostet dies Minuten und ist fester Bestandteil jeder Nachbetrachtung eines Entwicklungsprozesses. Ein Vorteil der

Verfügbarkeit eines stets aktuellen Erfahrungswertes für die eigene Produktivität ist die Möglichkeit der verlässlichen Planung neuer Inkremente, ein Weiterer die Fähigkeit zur schnellen Berechnung des für ungeplante, zusätzlich zu berücksichtigende Anforderungen notwendigen Mehraufwands. Hinzu kommt der Nutzen einer Transparenz des zeitlichen Verlaufs von Produktivität und Qualität.

Zusammenhang von Produktivität und Qualität

Für die Berechnung der Entwicklungsproduktivität wird Aufwand für die Analyse und Korrektur von Fehlern aus vorhergehenden Entwicklungsprozessen außer Acht gelassen. Daher kann alleine auf Basis dieses Produktivitätswertes auch keine Aussage über qualitative Verbesserungen oder Verschlechterungen getroffen werden. Durch die Berücksichtigung von Fehlerkosten bei der Produktivitätsberechnung zusätzlich zum Entwicklungsaufwand würde sich schlechte Qualität zwar durch eine Reduzierung der Produktivität bemerkbar machen. Für indirekte Aufwandsschätzungen neuer Anforderungen wäre der so reduzierte Produktivitätswert dann jedoch weniger geeignet, da er eben nicht nur Entwicklungsaufwand sondern auch Aufwand zur Fehlerbehandlung enthält, der nur punktuell angefallen ist.

Es hat sich als vorteilhaft erwiesen, Produktivität und Qualität getrennt zu messen und beide Kennzahlen gegenüberzustellen. Als Kennzahl für die Qualität kann im einfachsten Fall die Anzahl der „echten" Fehler dienen, d.h. Fehler im Sinne von nicht erfüllten Anforderungen oder von unerwünschtem Systemverhalten, keine „versteckten" neuen Anforderungen oder Bedienungsfehler. Alternativ könnte auch eine Qualitätskennzahl aus dem Aufwand zur Fehleranalyse und Korrektur, ähnlich der Entwicklungsproduktivität, erhoben werden.

	Produktivität $\overline{P}$ (DIP/PT)	Qualität Q (Anzahl Fehler)
Rel. 1.3	5,0	10
Rel. 1.4	3,8	6
Rel. 1.5	3,2	4
Rel. 2.0	5,6	6
Rel. 2.1	6,4	10
Rel. 2.2	6,6	6
Rel. 2.3	6,9	4

Tabelle 2: Beispielhafte Kennzahlen einer Weiterentwicklung (2)

Tabelle 2 zeigt die im vorhergehenden Kapitel bereits betrachteten beispielhaften Messwerte der durchschnittlichen Weiterentwicklungsproduktivität für verschiedene Releases derselben Anwendung – ergänzt um die ebenfalls beispielhaft angenommene Anzahl der pro Monat festgestellten Produktionsfehler, die als Qualitätskennzahl dient. Trägt man den zeitlichen Verlauf von Produktivität und Qualität in ein X/Y-Diagramm ein, ist aus dem Verlauf des Graphen meist ein längerfristiger Trend ersichtlich (siehe Abbildung 5). In diesem Beispiel reduziert sich die Produktivität zunächst, bis Release 2.0 eine Wende bringt und zu einer nachhaltigen Verbesserung der Produktivität führt. Gleichzeitig bringt das umfangreiche Release 2.0 jedoch auch neue Produktionsfehler mit sich. Mit abnehmender Fehlerzahl wird ab Release 2.1 ein Trend in die gewünschte Zielrichtung erkennbar: Sowohl Produktivität als auch Qualität verbessern sich kontinuierlich.

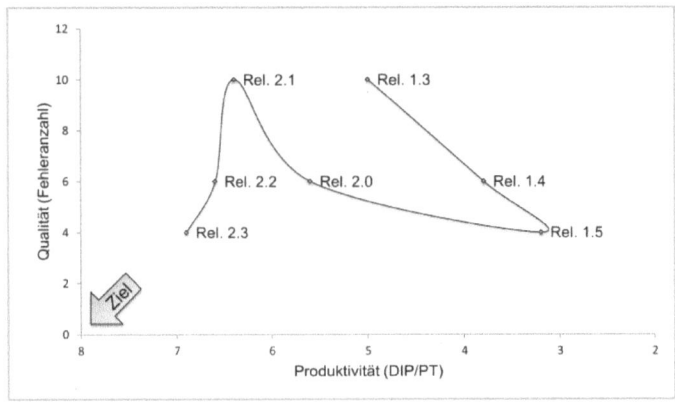

Abbildung 5: Beispielhafter Verlauf von Produktivität und Qualität bei der Weiterentwicklung

Eine Gegenüberstellung von Produktivität und Qualität kann die Vernachlässigung qualitätssichernder Maßnahmen aufdecken, wenn der Graph in Richtung einer Produktivitätssteigerung (aufgrund des eingesparten Testaufwands) bei stetig schlechter werdender Qualität tendiert. Der über mehrere Messpunkte beobachtete Trend des Graphen zeigt auch, wie wirksam durchgeführte Verbesserungsmaßnahmen waren, insbesondere in welchem Zeitraum und wie nachhaltig sie wirklich zu einer Verbesserung von Produktivität und Qualität geführt haben.

Fazit

Agile Softwareentwicklung und ein fest vereinbarter Liefertermin oder Festpreis schließen sich nicht aus. Im Gegenteil: Die Prinzipien agiler Softwareentwicklung erweisen sich als gute Maßnahmen zur Minderung typischer Risiken, denen Entwicklungsprojekte mit verbindlichen Vorgaben ausgesetzt sind.

Kritisch für die Erreichung von Projektzielen ist eine verlässliche Planung, die ohne großen Aufwand erstellt und im Fall geänderter Anforderungen flexibel nachjustiert werden kann. Bewährt haben sich unter diesen Rahmenbedingungen indirekte Aufwandsschätzungen auf Basis von Umfangsmessungen. Sie erfordern einen nach präzisen Regeln ermittelten Wert für den Umfang der funktionalen Anforderungen sowie einen Erfahrungswert für die eigene Produktivität unter vergleichbaren Rahmenbedingungen.

Notwendig für die Bestimmung des funktionalen Umfangs sind Kenntnisse der gewählten Methode, beispielsweise der Function Point-, Data Interaction Point- oder COSMIC-Methode, sowie eine ausreichende Präzisierung der Anforderungen, beispielsweise eine Beschreibung durch Anwendungsfälle und Elementarprozesse. Unter diesen Voraussetzungen ist der Wert, den man erhält, eine valide Kennzahl für den Umfang der funktionalen Anforderungen. Er ist unabhängig von der Person, die ihn ermittelt, und bei jeder wiederholten Anwendung auf dieselben Anforderungen erhält man den gleichen Wert.

Einen Erfahrungswert für die eigene Produktivität, das heißt den mit einer bestimmten Arbeitsleistung des eigenen Teams typischerweise implementierbaren funktionalen Umfang, erhält man durch regelmäßige Nachbetrachtungen fertiggestellter Inkremente bzw. Releases. Dabei setzt man den implementierten Umfang mit der dafür benötigten Arbeitsleistung ins Verhältnis. Die methodische Bestimmung des implementierten Umfangs basiert – je nach Methode - auf der Zählung von beispielsweise Elementarprozessen oder Datenelementen, die bei entsprechender Abbildung auf konstruktive Merkmale automatisiert werden kann. Ein einmal erstelltes Zählprogramm kann in kürzester Zeit den Umfang der implementierten Anwendung und durch Vergleich mit dem vorhergehenden Ergebnis den durch den letzten Entwicklungsprozess entstandenen Zuwachs des funktionalen Umfangs liefern.

Regelmäßig erhobene und gegenübergestellte Messwerte für Produktivität und Qualität (im einfachsten Fall die Fehleranzahl) helfen, Handlungsbedarf zu erkennen und die Wirksamkeit zuvor umgesetzter Verbesserungsmaßnahmen zu verifizieren.

Glossar

- **Akteur**: Anwender oder externes System, der/das im Rahmen eines → Anwendungsfalls mit einem System interagiert.

- **Algorithmische Komplexität**: Die → Komplexität der Programmlogik.

- **Algorithmus**: Endliche Folge von ausführbaren Einzelanweisungen zur Lösung eines Problems.

- **Anforderung**: In der Softwareentwicklung versteht man darunter vereinbarte bzw. erwartete Merkmale eines Systems und unterscheidet zwischen funktionalen und → nicht-funktionalen Anforderungen.

- **Anwendungsfall**: Auch: Use-Case. Anwendungsfälle beschreiben das Außenverhalten eines Systems, d.h. was es leistet, jedoch nicht, wie es diese Leistung erbringt. Jeder Anwendungsfall orientiert sich an einem fachlichen Ziel und beschreibt durch → Elementarprozesse, wie ein → Akteur dieses Ziel erreichen kann.

- **Crystal**: Gruppe agiler Softwareentwicklungsmethoden.

- **Elementarprozess**: Auch: Basis-Funktionskomponente. Einzelner Schritt im Ablauf eines → Anwendungsfalls.

- **Extreme Programming**: Vorgehensmodell zur →iterativen Softwareentwicklung.

- **Fibonacci-Folge**: Unendliche Folge natürlicher Zahlen, die mit zweimal der Zahl 1 beginnt und jeweils durch die Summe zweier aufeinanderfolgender Zahlen fortgesetzt wird: 1, 1, 2, 3, 5, 8, 13, ...

- **IFPUG**: Abkürzung für International Function Point Users Group. Gemeinnützige Gesellschaft zur internationalen Standardisierung und Förderung der Function Point-Analyse.

- **Inkrementelle Softwareentwicklung**: Art der Softwareentwicklung, bei der Teile des Systems zu verschiedenen Zeiten entwickelt werden und das System jeweils um die fertig gestellten Teile erweitert wird.

- **Interaktionskomplexität**: Die → Komplexität der Interaktionen von → Akteuren mit einem System.

- **ISO/IEC 25010**: Standard für Softwarequalität. Beschreibt Qualitätsmerkmale und ihre Ausprägungen. Hat den Standard ISO/IEC 9126 abgelöst.

- **Iterative Softwareentwicklung**: Schrittweise Verfeinerung der Umsetzung von → Anforderungen. Meist wird mit technisch und inhaltlich riskanten Anforderungen begonnen und das System mit jeder weiteren Iteration dem gewünschten Ziel angenähert.

- **Komplexität**: In der Softwareentwicklung versteht man unter Komplexität den Aufwand zum Verstehen eines Programms oder → Algorithmus.

- **Nicht-funktionale Anforderung**: Auch: Non-functional User Requirement, NFUR. Beschreibt für ein Produkt die gewünschte Eigenschaft eines Qualitätsmerkmals wie in → ISO/IEC 25010 beschrieben.

- **Product Backlog**: Liste von zu implementierenden → Anforderungen und zu behebenden Fehlern, die nach ihrem Nutzen aus der Sicht des Produktverantwortlichen priorisiert sind.

- **Produktivität**: Prozessmetrik. Bei der Betrachtung von Softwareentwicklungsprozessen wird als Produktivität meist das Verhältnis von Entwicklungsumfang (Output des Prozesses) zu Arbeitsleistung (Input) betrachtet.

- **Quality Gate**: Meilenstein im Projektablauf, bei dem die Fortsetzung bzw. der Abschluss des Prozesses von der Einhaltung definierter Qualitätskriterien abhängig ist.

- **Risiko**: Im Zusammenhang mit Entwicklungsprojekten versteht man unter Risiken Ereignisse, die eine Bedrohung von Projektzielen darstellen und durch ihre Eintrittswahrscheinlichkeit sowie die Höhe des möglichen Schadens bewertet werden können.

- **Scrum**: Vorgehensweise zur iterativ-inkrementellen Softwareentwicklung in möglichst kurzen Zyklen (→ Sprints), die sich an den agilen Prinzipien orientiert und mit drei Rollen auskommt: Produktverantwortlicher (Product Owner), Team und Scrum Master, einem methodenkundigen Moderator.

- **Sprint**: Zyklus der agilen Softwareentwicklung mit einer typischen Dauer zwischen zwei und vier Wochen.

- **Sprint Backlog**: Auswahl von Einträgen aus dem → Product Backlog, die im Rahmen eines → Sprints umgesetzt werden soll.

- **Story, User Story**: In der agilen Software-entwicklung gebräuchliche, meist umgangssprachlich in einem Satz formulierte → Anforderung.

- **Virtualisierung**: Simulation eines physikalischen Objekts oder einer Ressource mit Hilfe der IT.

- **Werkvertrag**: Typ privatrechtlicher Verträge, bei dem sich der Auftragnehmer verpflichtet, ein Werk gegen Zahlung einer Vergütung (Werklohn) durch den Besteller bzw. Auftraggeber herzustellen. Charakteristisch für Werkverträge in der Software-entwicklung sind die genaue Festlegung der zu liefernden Software, der fest vereinbarte Preis und der einzuhaltende Liefertermin.

Literaturverzeichnis

- **[Agiles Manifest 2001]**: Website "Manifest für Agile Softwareentwicklung". URL http://agilemanifesto.org/iso/de/ (20.11.2015).

- **[Agiles Manifest Prinzipien 2001]**: Website „Prinzipien hinter dem Agilen Manifest". URL http://agilemanifesto.org/iso/de/ principles.html (20.11.2015).

- **[Cohn 2013]**: Website "How Can We Get the Best Estimates of Story Size?". URL https://www.mountaingoatsoftware.com/ blog/how-can-we-get-the-best-estimates-of-story-size (01.11.2015).

- **[COSMIC 2015]**: Website of the Common Software Measurement International Consortium. URL http://www.cosmicon.com (11.02.2015).

- **[COSMIC FSM 2014]**: "The COSMIC Functional Size Measurement Method Version 4.0; Measurement Manual; The COSMIC Implementation Guide for ISO/IEC 19761:2011".URL http://www.cosmicon.com/portal/public/MM4.pdf (11.02.12015).

- **[Forrester 2005]**: C. Schwaber, R. Fichera (2005): "Corporate IT Leads The Second Wave Of Agile Adoption". Forrester Research Inc.

- **[ISO/IEC 14143 2007]**: "Information technology -- Software measurement -- Functional size measurement -- Part 1: Definition of concepts". ISO (International Organization for Standardization).

- **[ISO/IEC 20926 2009]**: "Software and systems engineering -- Software measurement -- IFPUG functional size measurement method 2009". ISO (International Organization for Standardization).

- **[PASS 2014]**: S. Luckhaus (2014): "Produktivität in der Softwareentwicklung: Band 1 - Produktivitäts- und Leistungsmessung - Messbarkeit und Messmethoden". PASS IT-Consulting Dipl.-Inf. G. Rienecker GmbH & Co. KG.

- **[VersionOne 2013]**: "7th Annual State of Agile Development Survey". URL https://www.versionone.com/pdf/7th-Annual-State-of-Agile-Development-Survey.pdf (01.11.2015).

- **[Wells 2009]**: Website "Extreme Programming". URL http://www.extremeprogramming.org/donwells.html (26.11.2015).

Über den Autor

Stefan Luckhaus ist Informatiker mit mehr als 35 Jahren Berufserfahrung. Er ist seit 1981 in der Softwareentwicklung tätig und schloss 1988 sein Informatikstudium in Frankfurt als Dipl.-Ing. (FH) ab. Danach war Stefan Luckhaus 10 Jahre selbständig. Seit 1998 ist er Mitarbeiter der PASS Consulting Group (www.pass-consulting.com). Dort war er anfangs als Entwickler tätig. Später leitete er Entwicklungsprojekte, die ihn in die USA, Singapur, Indien und das europäische Ausland führten. Heute leitet Stefan Luckhaus das Competence Center Project Governance, das die Verfahrenstechnik zur Softwareentwicklung der gesamten PASS-Gruppe bereit stellt und auch Produktivitäts- und Qualitätsmessungen, intern für ca. 20 IT-Shops sowie im Kundenauftrag, durchführt. Er ist Mitarbeiter des R&D-Bereichs der PASS-Gruppe und hat den Beraterstatus eines Principal Innovation Consultant.

Die Fachgebiete von Stefan Luckhaus sind Softwaremetrie, Qualitätsmanagement sowie Vorgehensmodelle und die Verfahrenstechnik zur Softwareentwicklung. Er leitet im Branchenverband BITKOM (Bundesverband Informationswirtschaft, Telekommunikation und neue Medien e.V.) den Arbeitskreis Qualitätsmanagement, war am Leitfaden „Agiles Software Engineering Made in

Germany" beteiligt und hielt mehrere Vorträge, u.a. auf dem Bitkom Software Summit.

Stefan Luckhaus ist in den sozialen Netzwerken Xing, LinkedIn und Twitter vertreten. Er publiziert außerdem in den Blogs www.it-management-blog.de und www.software-productivity.com.

Zeitfracht Medien GmbH
Ferdinand-Jühlke-Straße 7
99095 Erfurt, Deutschland
produktsicherheit@kolibri360.de